上海市中高职贯通教育

# 信息技术课程标准

## （试行稿）

上海市教育委员会教学研究室　编

华东师范大学出版社

·上海·

**图书在版编目（CIP）数据**

上海市中高职贯通教育信息技术课程标准：试行稿 / 上海市教育委员会教学研究室编. —上海：华东师范大学出版社，2022

ISBN 978 - 7 - 5760 - 3504 - 9

Ⅰ.①上… Ⅱ.①上… Ⅲ.①电子计算机-课程标准-职业教育-教学参考资料 Ⅳ.①TP3

中国版本图书馆 CIP 数据核字(2022)第 233777 号

## 上海市中高职贯通教育信息技术课程标准（试行稿）

编　　者　上海市教育委员会教学研究室
责任编辑　蒋梦婷
责任校对　李　琴
装帧设计　庄玉侠

出版发行　华东师范大学出版社
社　　址　上海市中山北路 3663 号　邮编 200062
网　　址　www.ecnupress.com.cn
电　　话　021 - 60821666　行政传真 021 - 62572105
客服电话　021 - 62865537　门市(邮购)电话 021 - 62869887
地　　址　上海市中山北路 3663 号华东师范大学校内先锋路口
网　　店　http://hdsdcbs.tmall.com

印 刷 者　常熟市文化印刷有限公司
开　　本　787 毫米×1092 毫米　1/16
印　　张　3.75
字　　数　56 千字
版　　次　2023 年 2 月第 1 版
印　　次　2023 年 2 月第 1 次
书　　号　ISBN 978 - 7 - 5760 - 3504 - 9
定　　价　99.40 元

出 版 人　王　焰

（如发现本版图书有印订质量问题，请寄回本社客服中心调换或电话 021 - 62865537 联系）

# 上海市教育委员会文件

沪教委职〔2022〕41号

## 上海市教育委员会关于印发上海市中高职贯通教育数学等3门公共基础课程标准（试行稿）的通知

各有关高等学校，各区教育局，各有关委、局、控股（集团）公司：

为贯彻落实《国家职业教育改革实施方案》《推进现代职业教育高质量发展的意见》《上海市教育发展"十四五"规划》等精神，进一步完善上海现代职业教育体系建设，市教委制定了《上海市中高职贯通教育数学课程标准（试行稿）》《上海市中高职贯通教育英语课程标准（试行稿）》和《上海市中高职贯通教育信息技术课程标准（试行稿）》（以下简称《课程标准》），现印发给你们，请从2022年秋季招收的中高职贯通、五年一贯制新生起组织实施。

上述 3 门《课程标准》是规范本市中高职贯通和五年一贯制专业数学、英语和信息技术基础等公共基础课程教学的指导性文件，是学校组织教学工作，检查教学质量，评价教学效果，选编教材和配备教学设施设备的依据。各相关职业学校主管部门和直属单位、教科研机构（组织）等要根据《课程标准》，加强对学校专业教学工作的指导。附件请至上海教育网站 http://edu.sh.gov.cn/下载。

　　附件：1.上海市中高职贯通教育数学课程标准（试行稿）
　　　　　2.上海市中高职贯通教育英语课程标准（试行稿）
　　　　　3.上海市中高职贯通教育信息技术课程标准（试行稿）

上海市教育委员会
2022 年 10 月 20 日

抄送：各中等职业学校,各有关直属事业单位。

上海市教育委员会办公室　　　　　　2022 年 10 月 24 日印发

# 目　录

# 上海市中高职贯通教育信息技术课程标准开发项目组成员名单

# 一、导言

信息技术涵盖信息的获取、表示、传输、存储、加工、应用等各种技术。信息技术已成为经济社会转型发展的主要驱动力,是建设创新型国家、制造强国、质量强国、网络强国、数字中国、智慧社会的基础支撑。

在以信息技术为基础、信息为基本发展资源、信息服务为基本社会产业、数字化和网络化为基本交往方式的信息化社会中,信息技术的应用已渗透到现代社会及人们日常生活的各个方面。

## (一) 课程定位

中高职贯通教育的信息技术课程是一门必修的公共基础课程。学习信息技术知识,掌握信息技术工具,提升信息采集、信息甄别、信息处理和应用能力,增强信息安全意识,维护信息安全,提升信息社会责任感和使命感,对提升信息素养、增强学生在信息社会的适应力与创造力,具有重大意义。

## (二) 课程理念

信息技术课程的学习,强调学以致用。在使用信息产品和运用信息技术解决问题过程中,增强信息意识、提升计算思维、促进数字化创新与发展能力、树立正确的信息社会价值观和责任感、弘扬工匠精神,为学生职业发展、终身学习和服务社会奠定基础。

## (三) 设计思路

全面贯彻党的教育方针,落实立德树人根本任务,满足国家信息化发展战略对人才培养的要求，面对科技快速变化和技能淘汰更新的挑战，充分吸纳信息技术领域的前沿技术，按信息技术应用领域组织学习内容。

中高职贯通教育的信息技术课程教学采用做学一体的方式。围绕各专业对信息技术学科核心素养的培养要求，紧贴社会生活与应用来组织学习活动。引导学生在信息技术应用实践中学习所需要的知识和技能，提升信息技术的学习能力、应用信息技术解决问题的综合能力。促进学生的信息技术学科核心素养和应用能力得到全面提升，使其成为德智体美劳全面发展的高素质技术技能人才，达成德技并修目标。

中高职贯通教育的信息技术课程由公共模块和拓展模块两部分构成，共计 144 学时。

# 二、学科核心素养

## （一）学科核心素养

学科核心素养是学科育人价值的集中体现，是学生通过课程学习与实践所掌握的相关知识和技能，以及逐步形成的正确价值观、必备品格和关键能力。

中高职贯通教育的信息技术课程学科核心素养主要由信息意识、计算思维、数字化创新与发展、信息社会责任、工匠精神这五个部分组成。

### 1. 信息意识

信息意识是指个体对信息的敏感度和对信息价值的判断力。具备信息意识的学生，能了解信息及信息素养在现代社会中的作用与价值，有信息甄别和信息安全意识，能主动地寻求恰当的方式捕获、提取和分析信息，以有效的方法和手段甄别和判断信息的可靠性、真实性、准确性和目的性，对信息可能产生的影响进行预期分析，自觉地充分利用信息解决生活、学习和工作中的实际问题，具有团队协作精神，善于与他人合作、共享信息，实现信息的更大价值。

### 2. 计算思维

计算思维是指个体在问题求解、系统设计的过程中，运用计算机科学领域的思想与实践方法所产生的一系列思维活动。具备计算思维的学生，能采用计算机可以处理的方式界定问题、抽象特征、建立模型、组织数据，能综合利用各种信息资源、科学方法和信息技术工具解决问题，能将这种解决问题的思维方式迁移运用到职业岗位与生活情境相关问题的解决过程中。

### 3. 数字化创新与发展

数字化创新与发展是指个体综合利用相关数字化资源与工具,完成学习任务并具备创造性地解决问题的能力。具备数字化创新与发展素养的学生,能理解数字化学习环境的优势和局限,能从信息化角度分析问题的解决路径,并将信息技术与所学专业技术相融合,通过创新思维、具体实践,使问题得以解决;能运用数字化资源与工具,养成数字化学习与实践创新的习惯,开展自主学习、协同工作、知识分享与创新创业实践,形成可持续发展能力。

### 4. 信息社会责任

信息社会责任是指在信息社会中,个体在文化修养、道德规范和行为自律等方面应尽的责任。具备信息社会责任的学生,在现实世界和虚拟空间中都能遵守相关法律法规,信守信息社会的道德与伦理准则;具备较强的信息安全意识与防护能力,能有效维护信息活动中个人、他人的合法权益和公共信息安全;关注信息技术创新所带来的社会问题,对信息技术创新所产生的新观念和新事物,能从社会发展、职业发展的视角进行理性的判断和负责的行动。

### 5. 工匠精神

工匠精神是指守正与创新的敬业精神。表现为专注、标准、精准、创新、完美、人本。其中,专注是工匠精神的关键,标准是工匠精神的基石,精准是工匠精神的宗旨,创新是工匠精神的灵魂,完美是工匠精神的境界,人本是工匠精神的核心。具备工匠精神的学生,无论是对待学习还是对待职业技能都有正确的劳动观念和学习态度,能将不懂的内容先学懂再学精,并勇于攻坚克难;在信息技术学习中注重方法,做到专注、坚持和勤奋,勤于重复、勤于洞察和发现;具备创新意识,在学习中不断提升创新能力,并学以致用,将学习所得用作创新的资源,在创新实践中收获成就感。

## (二) 能力架构

人的生存与发展能力包括基本学习技能、信息素养、创新思维能力、人际交往与合作精神、实践能力。

信息素养是信息化社会人们生存所需要具备的一种基本能力。学生在应用信息技术解决各类问题过程中展示的能力是信息技术学科核心素养的具体体现。

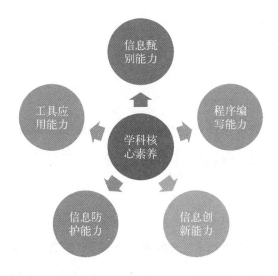

中高职贯通教育信息技术课程应更多地体现信息技术的工具性,培养学生解决各类问题的能力,在问题解决的各种形态转化过程中,需要知识和认知情感方面的保障,需要在信息技术学科核心素养方面去呈现相应的能力。

# 三、课程目标

  中高职贯通教育信息技术课程目标是通过理论知识学习、技能训练和综合应用实践,使中高职贯通教育学生厚植爱国主义情怀、增长知识见闻,信息素养和信息技术应用能力得到全面提升。

  本课程教学要聚焦学科核心素养,通过丰富的教学内容和多样化的教学形式,帮助学生认识信息技术对人类生产、生活的重要作用,了解现代社会信息技术发展趋势,理解信息社会特征并遵循信息社会规范;使学生掌握常用的工具软件和信息化办公技术,了解大数据、人工智能等新兴信息技术,具备支撑专业学习的能力,能在日常生活、学习和工作中综合运用信息技术解决问题;使学生拥有团队协作意识和职业精神,具备独立思考和主动探究能力,为职业能力的持续发展奠定基础。

# 四、学习内容与要求

中高职贯通教育信息技术课程贯彻教育部信息技术课程标准,对接信息技术发展和信息技术应用发展趋势、书证融通的要求。课程学习内容由公共模块和拓展模块两部分构成。在信息技术课程两个模块下设计了若干学习主题。

## (一) 模块与主题

公共模块是必修内容,是中高职贯通教育学生提升其信息素养的基础,包含信息技术应用基础、新一代信息技术、网络技术与资源应用、现代通信技术、信息检索与信息安全、信息素养与职业文化、电子文档处理、电子表格处理、演示文稿制作、程序设计基础,共 10 个主题内容。

拓展模块是选修内容,是中高职贯通教育学生深化对信息技术的理解和拓展职业能力的基础,包含数字媒体基础、人工智能基础、数据分析与可视化基础、物联网技术及应用、区块链技术及应用、云计算、虚拟现实、机器人流程自动化、项目管理,共 9 个主题内容。各学校也可根据国家有关规定、学校特色、专业要求和学生实际情况,自主确定拓展模块教学内容。

公共模块建议 108 学时,计 6 学分;拓展模块建议 36 学时,计 2 学分。

| 模　块 | 主　　题 | 建　议　学　时 | |
| --- | --- | --- | --- |
| 公共模块 | 信息技术应用基础 | 18 | |
| | 新一代信息技术 | | |
| | 网络技术与资源应用 | | |

续 表

| 模　块 | 主　题 | 建议学时 | |
|---|---|---|---|
| 公共模块 | 现代通信技术 | 24 | 108 |
| | 信息检索与信息安全 | 12 | |
| | 信息素养与职业文化 | | |
| | 电子文档处理 | 42 | |
| | 电子表格处理 | | |
| | 演示文稿制作 | | |
| | 程序设计基础 | 12 | |
| 拓展模块 | 数字媒体基础 | 36 | 选择其中1个模块 36 |
| | 人工智能基础 | 36 | |
| | 数据分析与可视化基础 | 36 | |
| | 物联网技术及应用 | 36 | |
| | 区块链技术及应用 | 36 | |
| | 云计算 | 36 | |
| | 虚拟现实 | 36 | |
| | 机器人流程自动化 | 36 | |
| | 项目管理 | 36 | |

公共模块为必学内容,同时各校的中高职贯通教育可以根据国家有关要求,结合实际情况,自主从拓展模块中选择其中的一个学习模块,也就是1+X组合学习模式,例如:

信息技术公共模块+数字媒体基础拓展模块;

信息技术公共模块+人工智能基础拓展模块;

信息技术公共模块+数据分析与可视化基础拓展模块。

## （二）课程内容

### 1. 信息技术公共模块

信息技术公共模块 10 个主题内容如下：

（1）信息技术应用基础

本主题旨在引导学生了解信息技术发展趋势和应用领域，关注信息技术对社会形态和个人行为方式带来的影响；了解信息社会相关的文化、道德和法律常识，树立正确的价值观，履行信息社会责任；理解信息系统的工作机制，学习常见信息技术设备及主流操作系统的使用技能。

**【内容要求】**

① 认识信息技术与信息社会。

理解信息技术概念和现代信息技术内涵。

知晓信息技术发展历程，能描述信息技术在当今社会的典型应用，以及对人类社会生产、生活方式的影响。

了解信息社会的特征和相应的文化、道德和法律法规，在信息活动中自觉践行社会主义核心价值观。

了解信息技术的发展趋势，了解信息社会的发展趋势和智慧社会的发展前景。

② 认识计算机系统。

概述计算机系统。

概述通用计算机组成。

概述计算机软件与软件系统。

概述计算机的发展及趋势。

③ 认识嵌入式系统与智能手机。

理解嵌入式系统。

理解智能手机系统。

④ 认识信息系统。

概述信息与信息系统。

能应用二进制、十进制及十六进制的转换方法。

概述信息编码的常见形式和存储单位的概念,会进行存储单位的换算。

⑤ 使用操作系统。

能描述操作系统的功能,能列举主流操作系统的类型和特点。

概述计算机操作系统用户界面的类型、基本元素(对象)和功能。

会进行图形用户界面操作。

会安装、卸载应用程序和驱动程序。

概述常用中英文输入方法,能熟练运用一种中文输入法进行文本和常用符号输入,会使用语音识别、光学识别等工具输入文本。

概述操作系统自带的常用程序的功能和使用方法。

了解其他操作系统和相关操作。

⑥ 认识文件系统。

了解主流操作系统的文件系统的使用。

会使用 Windows 文件系统。

理解 Linux 文件系统。

理解 Mac 文件系统。

理解 iOS 与 Android 文件系统。

⑦ 文件资源管理。

会使用主流操作系统的文件资源管理器。

能辨识常见文件资源类型,掌握检索和调用信息资源方式。

会文件及文件夹操作,会运用文件和文件夹等对信息资源进行管理。

会对文件资源进行压缩、加密和备份。

⑧ 应用程序管理。

会常用应用程序的安装。

能对应用程序进行管理。

⑨ 选用和连接信息技术设备。

能识别常见信息技术设备，了解设备类型和特点。

能描述常见信息技术设备主要性能指标的含义，能根据需求选用合适的设备。

能正确连接计算机、移动终端和常用外围设备，掌握打印机和投影仪的设置，并将信息技术设备接入互联网。

了解计算机和移动终端等常见信息技术设备基本设置的操作方法，会进行常见信息技术设备的设置。

⑩ 维护系统。

能利用操作系统进行基本的环境设置。

会系统备份与恢复。

能对计算机和移动终端等信息技术设备进行简单的安全设置，会进行用户管理及权限设置。

会使用工具软件进行系统测试与维护。

会应用"帮助"等工具解决信息技术设备及系统使用过程中遇到的问题。

【教学提示】

在教学中，教师可借助数字化的教学资源搭建学生感知和体验信息技术的应用环境，结合生产、生活中的信息技术应用实例，引导学生了解相关知识，增强学生对信息技术课程学习的兴趣。通过实用性的项目案例，创设做、学、教一体化的任务情境，引导学生掌握常见信息技术设备和操作系统的使用技能，在实践过程中积累知识与技能。

在"认识信息技术与信息社会"内容的教学中，教师要引导学生通过感知、思考、讨论等方式，充分了解信息技术的发展历程和应用前景，理解信息社会的特征，认识信息技术与人类社会生产、生活深度融合产生的巨大影响，理解合理运用信息技术解决生产、生活和学习问题的重要意义，在信息活动中自觉践行社会主义核心价值观，履行信息社会责任。

在"认识信息系统"内容的教学中，教师可借助通俗易懂的真实案例、形象化的数字化教学资源,解读信息系统的组成结构;掌握二进制、十进制、十六进制等常用数制的换算方法,会借助计算器等工具进行数制换算;了解数值、字符等信息编码的形式,数据存储单位的概念,掌握存储单位的换算方法。

在"选用和连接信息技术设备"内容的教学中,教师要引导学生通过社会实践、应用体验等方式,综合了解计算机、移动终端(智能手机、平板电脑、可穿戴智能设备等)和常用外围设备(打印机、扫描仪、摄像头、音视频设备、数码相机和摄像机等)的功能和特点,会根据生产、生活需要提出恰当的设备配置方案,并完成与互联网及其他设备的连接和基本设置。

在"使用操作系统""文件资源管理""维护系统"等内容的教学中,教师要引导学生通过体验活动、任务实施等形式,进一步了解不同类型的桌面及移动终端操作系统的特点,会搭建虚拟机环境,会安装、使用和维护其中一种或几种操作系统,能熟练地进行图形用户界面操作,会使用不同设备及操作系统环境中的功能程序并进行安装和卸载,能进行中英文本和常用符号输入,能根据实际业务要求熟练进行信息资源的操作管理,会通过信息资源压缩、加密、备份及用户权限设置等方式对信息资源进行简单保护,会使用相应的工具软件测试系统的性能、发现故障并进行相应的维护。要引导学生主动运用"帮助"等工具解决信息技术设备及系统使用过程中遇到的问题,培养学生借助数字化学习工具进行自主学习的能力。

(2) 新一代信息技术

新一代信息技术既是信息技术的纵向升级,也是信息技术间及与相关产业的横向渗透融合,它正在全球范围内引发新一轮的科技革命,并快速转化为现实生产力,引领科技、经济和社会的高速发展。

本主题旨在引导学生学习以云计算、大数据、人工智能、移动通信、量子信息、物联网、区块链等为代表的新一代信息技术基本概念、技术特点与典型应用、技术融合等内容。

【内容要求】

了解新一代信息技术及主要代表技术,包括云计算、大数据、人工智能、移动通信、量子信息、物联网、区块链等概念。

了解新一代信息技术各主要代表技术的技术特点。

能列举新一代信息技术各主要代表技术的典型应用。

概述新一代信息技术与制造业等产业的融合发展方式。

【教学提示】

关于新一代信息技术基本概念,可采用知识讲解、小组讨论等形式,配合图片、视频等教学资源,使学生理解新一代信息技术及主要代表技术的概念、产生原因和发展历程。

关于新一代信息技术技术特点与典型应用,应按不同的技术领域分别进行专题介绍。可以采用知识讲解、案例教学等形式,配合图片、视频等教学资源,使学生了解各主要代表技术的核心技术特点和产业应用领域。

关于新一代信息技术与其他产业融合,可以选取新一代信息技术不同技术领域与制造业等不同产业相融合的若干案例进行教学,配合图片、视频等教学资源,使学生了解新一代信息技术对其他产业和人类日常生活的影响。

（3）网络技术与资源应用

本主题旨在引导学生了解网络技术的发展,掌握在生产、生活和学习情境中网络的应用技巧;理解并遵守网络行为规范,树立正确的网络行为意识;有效地保护个人及他人信息隐私。学习合法使用网络信息资源、综合运用网络数字资源和工具辅助学习。

【内容要求】

① 认知计算机网络。

理解计算机网络和分类。

了解计算机网络体系结构。

理解计算机网络常用设备,并学会使用。

概述计算机网络的发展。

② 认知互联网。

解释互联网和互联网的工作原理。

概述互联网技术的发展。

能描述互联网对组织及个人的行为、关系的影响,了解与互联网相关的社会文化特征。

③ 配置网络。

概述网络体系结构,包括 TCP/IP 协议和 IP 地址等相关知识。

会建构无线网络的工作环境,能进行相关的设置。

会设计和配置小型网络系统,并进行简单测试。

会配置网络功能服务,搭建网络云应用环境,实现资源共享、业务流程管理、协作办公等功能。

概述常见网络设备的类型和功能,会进行网络的连接和基本设置,能判断和排除简单网络故障。

④ 获取网络资源。

能识别网络资源的类型,并根据实际需要获取网络资源。

会区分网络开放资源、免费资源和收费认证资源,树立知识产权保护意识,能合法使用网络信息资源。

会辨识有益或不良网络信息,能对信息的安全性、准确性和可信度进行评价,自觉抵制不良信息。

⑤ 网络交流与信息发布。

概述云存储。

会进行网络通信、网络信息传送和网络远程操作。

会编辑、加工和发布网络信息。

能在网络交流、网络信息发布等活动中,坚持正确的网络文化导向,弘扬社会主义核心价值观。

⑥ 运用网络工具。

会运用网络工具进行多终端信息资料的传送、同步与共享。

列举网络学习的类型与途径,有数字化学习能力。

了解网络对生活的影响,能熟练应用生活类网络工具。

能借助网络工具多人协作完成任务。

**【教学提示】**

在教学中,教师可以通过创设体验情境,引导学生在真实或模拟的网络应用环境中,感受网络给生产、生活带来的影响,了解网络技术原理,认识网络环境的优势与不足,加深对网络文化和规范的理解,培养正确的网络行为习惯。

在"认知互联网""配置网络"等内容教学中,教师要通过知识讲解、实践操作等形式,引导学生理解 TCP/IP 协议和 IPv4、IPv6 类型地址基础知识,熟悉常见网络设备的使用方法并会配置网络系统,了解互联网的运行原理,以及 DNS、WWW、E-Mail、FTP 等互联网服务的工作机制。

在"获取网络资源""网络交流与信息发布""运用网络工具"等内容教学中,教师要通过源自生产、生活实践的项目任务,引导学生综合使用桌面和移动终端等平台中的相关网络工具,从网络中检索和获取有价值的信息资源,会通过电子邮件收发、即时通信、传送信息资源和网络远程操作等方式进行网络交流,会使用云笔记、云存储等网络工具进行多终端资料上传、下载、信息同步和资料的分享,会网络购物、网络支付等互联网生活情境中不同终端及平台下网络工具的运用技能,会编辑、加工和发布个人网络信息,能借助网络工具多人协作完成任务。

(4)现代通信技术

通信技术是实现人与人之间、人与物之间、物与物之间信息传递的一门技术。现代通信技术是数字化通信技术,是将通信技术与计算机技术、数字信号处理技术等新技术相结合,其发展具有数字化、综合化、宽带化、智能化和个人化的特点。现代通信技术是大数据、云计算、人工智能、物联网、虚拟现实等信息技术发展的基础,以 5G 为代表的现代通信技术是中国新基建的重要助力者。

本主题旨在引导学生学习现代通信技术基础、5G 技术、量子通信技术、其他现代通信技术等内容。

**【内容要求】**

① 数据通信和通信技术。

理解数据通信和通信技术、现代通信技术、移动通信技术、5G 技术等概念和相关的基础知识。

概述现代通信技术的发展历程及未来趋势。

概述常用通信网络。

② 移动通信技术。

概述移动通信技术中的传输技术、组网技术。

列举 5G 的应用场景、基本特点和关键技术。

概述 5G 网络架构和部署特点和 5G 网络建设流程。

列举蓝牙、Wi-Fi、ZigBee、NFC、RFID、卫星通信、光纤通信等现代通信技术的特点和应用场景。

了解现代通信技术与其他信息技术的融合发展。

③ 物联网。

概述传感器技术。

概述物联网与物联网技术的发展。

了解 RFID 技术。

了解 NFC 技术。

列举典型的物联网系统并体验应用,了解智慧城市相关知识。

概述物联网的常见设备及软件配置。

知道量子通信技术及应用。

【教学提示】

关于现代通信技术基础,可采用知识讲解、小组讨论等形式,配合图片、视频等教学资源,介绍基本概念、发展历程、基础知识和未来趋势,加深学生对现代通信技术的直观认识。

关于 5G 技术,可采用知识讲解、任务教学、项目实践等形式,配合图片、视频等教学资源,可以通过虚拟仿真软件结合具体案例进行 5G 网络的勘察、站点选择、网络搭建和优化的教学,使学生在完成案例的过程中学习移动通信技术和 5G 的关键技术,教师再带领学生进行梳理总结,加强巩固。

关于蓝牙、Wi-Fi、ZigBee、卫星通信、光纤通信等现代通信技术,可采用任务教学、案例教学等形式,通过人们日常生活、学习和工作的案例,让学生分析应用场景,根据不同通信技术的技术特点选择合适的通信技术。

在"物联网"等内容教学中,教师可借助智能监控、智能物流等不同类型的物联网系统,让学生体验物联网应用效果,了解网络基础环境、传感器、RFID标签、应用系统及平台等物联网部件的功能,初步了解物联网的常见设备及软件配置。

量子通信是指利用量子纠缠效应进行信息传递的一种新型的通讯方式。量子通信具有高效率和绝对安全等特点,成为国际量子物理和信息科学的研究热点。教师可借助典型事件组织教学。例如,2016年8月16日我国在酒泉卫星发射中心用长征二号丁运载火箭成功将世界首颗量子科学实验卫星"墨子号"发射升空。我国在世界上首次实现卫星和地面之间的量子通信,构建天地一体化的量子保密通信与科学实验体系。

(5) 信息检索与信息安全

信息检索是人们进行信息查询和获取的主要方式,是查找信息的方法和手段,是信息化时代人们基本的信息素养之一。掌握网络信息的高效检索方法,是现代信息社会对高素质技术技能人才的基本要求。

本主题旨在引导学生学习信息检索基础知识、搜索引擎使用技巧、专用平台信息检索等内容。

信息安全是指信息产生、制作、传播、收集、处理直到选取等信息传播与使用全过程中的信息资源安全。随着信息技术的快速发展和广泛应用,信息安全的重要性日益突出。建立信息安全意识,了解信息安全相关技术,掌握常用的信息安全应用,是现代信息社会对高素质技术技能人才的基本要求。

本主题旨在引导学生学习信息安全意识、信息安全技术、信息安全应用等内容。

**【内容要求】**

① 信息检索。

概述信息检索,了解信息检索的基本流程。

掌握常用搜索引擎的自定义搜索方法,掌握布尔逻辑检索、截词检索、位置检索、限制检索等检索方法。

掌握通过网络、社交媒体等不同信息平台进行信息检索的方法。

掌握通过专利、商标、数字信息资源平台等专用平台进行信息检索的方法。

② 信息安全。

理解信息安全内涵,包括信息安全基本要素、网络安全等级保护等内容。

了解信息安全相关的法律、政策法规,具备信息安全和隐私保护意识。

列举信息安全面临的威胁。

概述常用的安全防御技术,列举信息安全相关技术。

理解防火墙技术,掌握利用系统安全中心配置防火墙的方法。

理解防病毒技术,掌握利用系统安全中心配置病毒防护的方法。

了解常用的第三方安全工具的使用方法,学会解决诸如远程控制、备份与还原等常见的信息安全防范问题。

了解网络信息安全保护的一般思路,了解常用网络安全设备的功能和部署方式;建立信息安全意识,能识别常见的网络欺诈行为。

**【教学提示】**

关于信息检索基础知识,可以通过知识讲解等形式,让学生理解信息是按一定的方式进行加工、整理、组织并存储起来的,而信息检索则是人们根据特定的需要将相关信息准确地查找出来的过程。

关于搜索引擎使用技巧,可以通过多个案例,将搜索引擎中常用的信息检索技术穿插在案例中。通过任务教学,促进学生对不同检索技术的理解与应用实践。

关于专用平台信息检索,可以以专利、商标、数字信息资源平台等专用平台为例,分析、演示并使学生动手实践垂直细分领域专用平台的检索流程和方法。

关于信息安全意识,可采用知识讲解、任务教学、小组讨论等形式,配合图片、视频等教学资源,使学生具备较强的信息安全意识和防护能力,能识别常见的网络欺诈行为,能有效维护信息活动中个人、他人的合法权益和公共信息安全。

关于信息安全技术,可采用知识讲解、任务教学等形式,配合图片、视频等教学资源,使学生对信息安全基本要素、网络安全等级保护等内容有准确的认识,并了解计算机病毒、木马、拒绝服务攻击、网络非法入侵等信息安全常见威胁以及对应的安全防御措施。

关于信息安全应用,可采用知识讲解、任务教学、项目实践等形式,通过网络安全案例和操作系统安全案例的引入,使学生了解常用信息安全设备的功能,掌握系统安全中心的常用功能,包括防火墙管理和病毒防护等;可以选择常用的第三方安全工具,通过模拟并解决常见的安全问题,拓展学生技能。

(6) 信息素养与职业文化

信息素养与职业文化是指在信息技术领域,通过对行业内相关知识的了解,内化形成的个人素养与行业行为自律能力。信息素养与职业文化对个人在行业内的发展起重要作用。

本主题旨在引导学生学习信息技术发展史、个人素养与行业行为自律等内容。

**【内容要求】**

概述信息素养。

概述信息伦理和所处信息社会的道德伦理基本要求。

了解行业内知名企业的兴衰变化过程。

说明个人素养与行业行为自律的要求。

了解行业内专业化发展的途径和方法。

**【教学提示】**

可以选择介绍知名创新型信息技术企业的初创和成功发展历程,以及过往信息技术先驱企业的早期辉煌及后期衰败过程,展示信息技术的发展和品牌培育脉络。

关于个人素养与行业行为自律,可以通过案例介绍,从坚守健康的生活情趣、培养良好的职业态度、秉承端正的职业操守、维护核心的商业利益、规避行业的不良记录五个方面分层展开,使学生了解个人素养与行业行为自律的要求,从而建立行业内职业发展的策略、方法与路径。

（7）电子文档处理

文档处理是信息化办公的重要组成部分，广泛应用于人们日常生活、学习和工作的方方面面。

本主题旨在引导学生学习文档的基本编辑、图片的插入和编辑、表格的插入和编辑、样式与模板的创建和使用、多人协同编辑文档等操作和应用。

【内容要求】

说出常用文字处理软件。

完成文档的基本操作，如打开、复制、保存等，熟悉文档自动保存、联机文档、保护文档、检查文档、将文档发布为 PDF 格式、加密发布 PDF 格式等操作。

完成文本编辑、文本查找和替换、段落的格式设置等操作。

完成图片、图形、艺术字等对象的插入、编辑和美化等操作。

完成在文档中插入和编辑表格、对表格进行美化、灵活应用公式对表格中数据进行处理等操作。

会分页符和分节符的插入，会对页眉、页脚、页码进行插入和编辑等操作。

会创建和使用样式与模板，会对目录的制作和编辑操作。

熟悉文档不同视图和导航任务窗格的使用，掌握页面设置操作。

完成打印预览和打印操作的相关设置。

掌握多人协同编辑文档的方法和技巧。

【教学提示】

建议教学与实际案例相结合，案例的选取应贴近生活、贴近学习、贴近工作，在教学中注重使学生掌握操作过程和技巧，可以采用"任务描述→技术分析→示例演示→任务实现→能力拓展"的形式组织教学。

关于文档的基本编辑，可以通过制作个人简介、学习报告、调研报告等案例，实施文本的输入编辑、文本格式设置、文本查找替换、段落格式设置、打印预览和打印设置等内容的教学。

关于图片的插入和编辑，可以通过编制产品说明书、企业规划书、公司宣传海报和公司组织结构图等案例,实施自选图形、图片编辑、图文混排的使用等内容的教学。

关于表格的插入和编辑,可以通过制作个人简历、毕业生推荐表、产品订购单、产品销售业绩表等案例,分析、演示并使学生动手实践表格的插入、编辑、美化等操作,灵活应用公式处理表格中的数据等。

关于文档的目录、样式、模板等内容,可以通过对毕业论文、用户手册排版等案例,分析、演示并使学生动手实践页眉、页脚、页码的插入,样式与模板的创建和编辑,目录的制作和编辑等操作。

关于多人协同编辑文档,可以通过编制产品说明书、企业年终报告等案例,分析、演示并使学生动手实践将主文档快速拆分成多个子文档、多个子文档合并成一个文档,使用协同编辑工具进行多人在线编辑等操作。

(8) 电子表格处理

电子表格处理是信息化办公的重要组成部分,在数据分析和处理中发挥着重要的作用,广泛应用于日常生活领域。

本主题旨在让学生学习工作表和工作簿操作、公式和函数的使用、图表分析展示数据、数据处理等操作和应用。

【内容要求】

列举电子表格的应用场景,熟悉相关工具的功能和操作界面。

说出常用电子表格处理软件。

完成新建、保存、打开和关闭工作簿,切换、插入、删除、重命名、移动或复制、冻结、显示工作表等操作。

完成单元格、行和列的相关操作,掌握如何使用控制句柄、如何设置数据有效性和如何设置单元格格式。

掌握数据录入的技巧,如快速输入特殊数据、使用自定义序列填充单元格、快速填充和导入数据,掌握格式刷、边框、对齐等常用格式设置。

熟悉工作簿的保护、撤销保护和共享,工作表的保护、撤销保护,工作表的背景、样式、主题设定。

说出单元格绝对地址、相对地址的概念和区别,掌握相对引用、绝对引用、混合引用以及工作表外单元格的引用方法。

熟悉公式和函数的使用,掌握平均值、最大/最小值、求和等常见函数的使用。

列举常见的图表类型以及电子表格处理工具提供的图表类型,掌握如何利用表格数据制作常用的图表。

完成自动筛选、自定义筛选、高级筛选、排序和分类汇总等操作。

理解数据透视表的概念,掌握数据透视表的创建、更新数据、添加和删除字段、查看明细数据等操作,能利用数据透视表创建数据透视图。

完成页面布局、打印预览和打印操作的相关设置。

**【教学提示】**

建议教学与实际案例相结合,案例的选取应贴近生活、贴近学习、贴近工作,案例选取时充分与所教学的专业相贴近,并渗透职场规范。在教学中注重使学生掌握操作过程和技巧,可以采用"任务描述→技术分析→示例演示→任务实现→能力拓展"的形式组织教学。

以财经类专业为例:

关于工作表和工作簿操作,可以通过制作财务报表等案例,分析、演示并使学生动手实践工作表和工作簿的基本操作。

关于公式和函数的使用,可以通过在财务报表中输入工资信息等案例,分析、演示并使学生动手实践按指定要求对数据进行粘贴,使用公式和函数统计应发工资、实发工资、扣款项等信息,灵活运用公式和函数处理电子表格中的数据等操作。

关于图表分析展示数据,可以通过制作财务报表分析图表,分析、演示并使学生动手实践快速创建图表,调整已创建好的图表中的数据,更换图表布局,对图表进行格式化处理等操作。

关于排序、筛选、分类汇总等数据处理内容,可以通过在财务报表中查询和管理工资数据等案例,分析、演示并使学生动手实践筛选出满足复杂条件的数据,按指定列对数据区域进行排序,对数据进行一级或多级分类汇总,创建和设置一维或多维数据透视表等操作。

（9）演示文稿制作

演示文稿制作是信息化办公的重要组成部分。借助演示文稿制作工具，可以快速制作出图文并茂、富有感染力的演示文稿，并且可以通过图片、视频和动画等多媒体形式展现复杂的内容，从而使表达的内容更容易理解。

本主题旨在引导学生学习演示文稿制作、动画设计、母版制作和使用、演示文稿放映和导出等操作和应用。

**【内容要求】**

了解演示文稿的应用场景，熟悉相关工具的功能、操作界面和制作流程。

理解常用演示文稿软件。

掌握演示文稿的创建、打开、保存、退出等基本操作。

熟悉演示文稿不同视图方式的应用。

掌握幻灯片的创建、复制、删除、移动等基本操作。

理解幻灯片的设计及布局原则。

掌握在幻灯片中插入各类对象的方法，如文本框、图形、图片、表格、音频、视频等对象。

理解幻灯片母版的概念，掌握幻灯片母版、备注母版的编辑及应用方法。

掌握幻灯片切换中进入、强调、退出、路径等动画的应用方法。

掌握幻灯片对象动画的设置方法及超链接、动作按钮的应用方法。

了解幻灯片的放映类型，会使用排练计时进行放映。

掌握幻灯片不同格式的导出方法。

**【教学提示】**

建议教学与实际案例相结合，案例的选取应贴近生活、贴近学习、贴近工作，在教学中注重使学生掌握操作过程和技巧，可以采用"任务描述→技术分析→示例演示→任务实现→能力拓展"的形式组织教学。

关于演示文稿制作，可以通过完成工作总结演示文稿等案例，讲解在新建幻灯片中输入文本、使用文本框、复制移动幻灯片、编辑文本、删除占位符等操作，对幻灯片中文本格式的设置,以及艺术字、图形图片、形状、表格、媒体文件的使用等内容组织教学。

关于演示文稿动画设计,可以通过实际案例进行切换动画和对象动画的教学,如通过案例分析、演示并使学生动手实践幻灯片切换的效果、持续时间、使用范围、换片方式、自动换片时间等内容;通过对案例中对象动画的分析和演示,使学生完成标题、文本动画及其他各类对象进入、强调、退出、路径等动画效果的设计。

关于演示文稿母版制作和使用,可以通过实际案例,对母版视图、在母版中插入对象、设置母版格式、插入页眉页脚等内容进行讲解,使学生理解母版和模板的不同,并学会讲义母版、备注板的设置及使用方法。

关于演示文稿放映和导出,可以通过在演示文稿中引用各类实际案例,让学生动手实践创建超链接及动作按钮、幻灯片放映、指针与墨迹设置、排列计时、打印演示文稿、打包演示文稿等内容。

(10) 程序设计基础

程序设计是设计和构建可执行的程序以完成特定计算结果的过程,是软件构造活动中的重要组成部分,一般包含分析、设计、编码、调试、测试等不同阶段。程序设计往往选择某种程序设计语言,构建由该语言编写的程序。熟悉和掌握程序设计的基础知识,是在现代信息社会中生存和发展的基本技能之一。

本主题旨在引导学生学习程序设计基础知识、程序设计语言和工具、程序设计方法和实践等内容。

【内容要求】

概述计算思维。

理解计算思维与计算机的关系。

概述算法与程序设计。

概述程序设计的发展历程和未来趋势。

列举典型程序设计的基本思路与流程。

了解主流程序设计语言的特点和适用场景。

掌握一种主流编程工具的安装、环境配置和基本使用方法。

完成一种主流程序设计语言的基本语法、流程控制、数据类型、函数、模块、文件操作、异常处理等。

能完成简单程序的编写和调测任务,为相关领域应用开发提供支持。

能采用计算机可以处理的方式界定问题、抽象特征、建立模型、组织数据,能综合利用各种信息资源、科学方法和信息技术工具解决问题,能将这种解决问题的思维方式,迁移运用到职业岗位与生活情境的相关问题解决过程中。

**【教学提示】**

可以通过从求解 $S=1+2+3+\cdots\cdots+N$ 题目去了解数学思维、计算思维、算法及编程之间的关系。

对于这个问题,数学解法与编程解法有很大区别,产生这种区别的原因是数学与计算机在解决问题的方式上有所差异,而这种差异的实质,是两种思维方式的不同,这两种思维方式就是数学思维和计算思维。

数学思维是对问题进行抽象和推理,归纳成自然数求和公式: $S=n*(1+n)/2$,这种处理方式非常符合人类"依靠大脑进行运算"的特点;而计算思维同样是对问题进行抽象和推理,却采用符合计算机工作特性、执行直接从 $1$ 累加到 $n$ 的处理方式。

数学思维的特征是概念化、抽象化和模式化,在解决问题时强调定义和概念,明确问题条件,把握其中的函数关系,通过抽象、归纳、类比、推理、演绎和逻辑分析,将概念和定义、数学模型、计算方法等与现实事物建立联系,用数学思想解决问题。

计算思维是按照计算机科学领域所特有的解决方式,对问题进行抽象和界定,通过量化、建模、设计算法和编程等方法,形成计算机可处理的解决方案。计算思维同样是人的大脑的思维,但解决问题却是在数学思维的基础上,运用计算机科学领域的思想、原理与方法,采用计算工具能够实现的方式来进行。

计算思维源于数学思维,两者具有相似性,所不同的是,计算思维在继承数学思维的同时,结合了计算机科学和工程的思想特征,也就是在实际理论的基础上,注重考虑客观环境的条件限制,提出可行方案。

算法思想并不等同于计算思维,它需要考虑更加实际的"计算"问题。计算思维是一种抽象的思维活动,算法则是把这种思维活动具象化,描述成具体的方法与步骤。程序设计则是算法在计算机上的正确实现,它是计算思维的最终结果。

求解:$S=1+2+3+\cdots\cdots+n$。用计算思维可以得到"直接从 1 累加到 $n$"的解决方案;算法则要考虑采用何种方法、通过何种步骤来实现这个方案,比如,如何输入与输出、怎样用循环实现累加等;程序设计是将算法所描述的方法与步骤转换成计算机所能理解和操作的指令代码,比如使用"For/Next"语句进行循环、用"$S=S+i$"赋值语句实现累加等,使程序能够在计算机上运行并获得正确结果。

数学思维是计算思维的基础,计算思维是解决问题的一种思考方式,算法是对计算思维的具体设计,程序设计则用于实现算法设计。

构建计算思维活动的基本要素是"由问题引发思维、由思维产生算法、由算法形成程序",它是体现计算思维的关键,是人脑的独立思考活动,所形成的问题解决方案是多样的,并且不受编程语言的限制,也就是所说的"一个问题可以有不同的解决方案,一个方案可以有不同的算法设计,一个算法可以用不同的编程语言来实现"。因此,在教学中应该着重体现利用计算思维解决问题的完整过程,而不是单一地教会学生某种编程语言。

程序设计基础知识,可采用知识讲解、小组讨论等形式,配合图片、视频等教学资源,加深学生对程序设计的直观认识。内容可以以程序设计的发展历程为基础,分阶段学习程序设计的特点,带领学生共同归纳和总结程序设计的概念,介绍程序设计的发展趋势,使学生基本理解程序设计的思想和价值。

关于程序设计语言和工具,可采用知识讲解、小组讨论、任务教学等形式,配合图片、视频等教学资源,加深学生对程序设计的理解。内容可根据程序设计语言的发展历史和当前流行情况,介绍主流程序设计语言及工具的特点和适用场景。可以选择一种主流程序设计语言(例如 Python),和其他语言进行对比,使学生基本了解不同语言的适用范围。

关于程序设计方法和实践教学中要加强核心素养培养,可采用任务教学、小组讨论、项目实践等形式,采用一种主流编程工具并辅以详细的编程案例,增强学生对程序设计语言和工具的实际运用能力。通过项目实践覆盖编程工具安装、问题分析、程序设计、程序编码、程序调试等过程，使学生系统化掌握程序设计的基本技能和方法。

### 2. 信息技术拓展模块

拓展模块的主题内容如下：

（1）数字媒体基础

数字媒体是指以二进制数的形式存储、处理、传播所获取信息的载体，包括数字化的文字、图形、图像、声音、视频影像和动画等感觉和表示媒体，也被称为逻辑媒体，也包括存储、传输、显示逻辑媒体的实物媒体。

数字媒体技术是一个结合了数字技术、媒体与艺术设计的多学科交叉技术，常用于数字媒体制作、图形图像处理、动画设计等。理解数字媒体的概念，掌握数字媒体技术是现代信息社会营销传播的通用和必备技能之一。本主题包含数字媒体技术概述、数字声音处理、数字图像处理、动画制作基础、数字视频处理、数字媒体的集成与应用等内容。

**【内容要求】**

① 数字媒体技术概述。

概述数字媒体、数字媒体技术。

概述数字媒体处理系统。

概述数字媒体技术的发展趋势，如虚拟现实技术、融媒体技术等。

解释数字文本处理的过程，完成文本编辑、处理、存储和展现等操作。

② 数字声音处理。

概述数字声音，熟悉处理、存储和传输声音的数字化过程。

掌握数字声音的获取和数字声音的录制、剪辑与发布等处理方法。

完成通过移动端应用程序进行声音获取等操作。

概述语音识别技术。

③ 数字图像处理。

了解数字图像的数字化。

掌握数字图像的处理基础和图像选取、合成、图层样式、滤镜、通道等处理方法。

④ 动画制作基础。

了解传统动画与数字动画,以及数字动画的产生原理。

掌握逐帧动画、补间形状动画、补间动画等二维动画的制作方法。

说出三维动画的制作流程。

⑤ 数字视频处理。

概述数字视频和数字视频的获取、处理和压缩存储。

会使用数字视频处理软件并完成导入、剪辑、合成、转换和配音等操作。

会使用数字视频处理软件进行数字视频文件格式的转换、导出和发布。

⑥ 数字媒体的集成与应用。

概述数字媒体集成的基本概念和数字媒体集成平台。

掌握 HTML 网页布局和文本、图像、音频、视频等数字媒体集成方法。

列举移动端的数字媒体应用。

**【教学提示】**

关于数字媒体基础知识,可采用知识讲解、小组讨论等形式,配合图片、视频等教学资源,加深学生对于数字媒体的认识,了解数字媒体的发展趋势,展望未来数字媒体将给人们日常生活、学习和工作带来的改变。

关于数字文本、数字图像、数字声音、数字动画、数字视频等,可采用知识讲解、案例教学、项目实践等形式,配合图片、视频等教学资源,通过引入相关的案例,介绍文本编辑、文本存储和传输、文本展现,各种图片格式的优势及应用范围,数字声音和数字视频的特点及操作。

关于数字媒体的集成,可引入网页设计的应用项目,采用小组讨论、项目实践等形式,配合图片、视频等教学资源,要求学生完成网页应用的制作和发布,使学生初步了解 HTML 应用制作和发布的全过程。

(2) 人工智能基础

人工智能是研究、开发用于模拟、延伸和扩展人的智能的理论、方法、技术及应用系统的一门新的技术科学。随着互联网、大数据的进一步发展,海量数据有效地支撑了人工智能发展,推动全社会向智能化演进。熟悉和掌握人工智能相关技能,是建设未来智能社会的必要条件。本主题包含人工智能概述、人工智能体验、人工智能编程语言、人工智能数据处理、机器学习、深度学习等内容。

**【内容要求】**

① 人工智能概述。

概述人工智能的定义、基本特征、社会价值和研究内容。

概述人工智能的发展历程和发展趋势。

概述人工智能涉及的核心技术及部分算法。

举例人工智能在互联网及各传统行业中的典型应用。

概述人工智能在社会应用中面临的伦理、道德和法律问题。

② 人工智能体验。

说出人工智能的应用场景和常用的开发平台。

掌握人工智能云服务的使用方法和技巧。

概述人工智能开发环境的使用。

列举人工智能解决实际问题的实例。

③ 人工智能编程语言。

概述 Python 语言及其特点,掌握 Python 语言的基本语法要素。

了解程序的结构化流程控制,学会简单 Python 程序的编写。

掌握常用的 Python 内置函数、标准模块函数的使用方法。

概述函数的定义及调用,学会用模块化设计程序。

④ 人工智能数据处理。

概述 NumPy、Pandas 数据类型。

掌握表数据处理方法。

列举数据统计分析和数据可视化应用案例。

⑤ 机器学习。

概述人工智能与机器学习的关系,掌握机器学习的基本概念。

列举经典聚类和经典分类方法及应用。

掌握线性回归和经典的降维方法的应用。

⑥ 深度学习。

了解深度学习、数字图像的神经网络的基本概念。

概述神经网络的基本原理和实现方法。

概述卷积神经网络模型的搭建和使用方法。

**【教学提示】**

关于人工智能基础知识和人工智能体验,可采用知识讲解、小组讨论、情景法等形式,配合图片、视频等教学资源,内容可包括人工智能含义、基本特征、发展历程、社会价值、常用开发平台、框架和工具等,加深学生对人工智能技术的直观认识和体验。

关于人工智能编程语言和数据处理,可以引入具体的人工智能项目案例,采用任务教学、知识讲解等形式,通过项目实践,使学生了解 Python 语言在人工智能领域的应用,掌握 Python 语言的程序编写和数据处理。

关于机器学习和深度学习,可采用知识讲解、任务教学、项目实践等形式,在学生对人工智能技术有初步了解的情况下,引入企业级的人工智能应用项目,帮助学生熟悉人工智能技术应用的流程和步骤。

(3) 数据分析与可视化基础

大数据是指无法在一定时间范围内用常规软件工具获取、存储、管理和处理的数据集合,具有数据规模大、数据变化快、数据类型多样和价值密度低四大特征。数据已与土地、劳动力、资本、技术等传统要素并列为生产要素之一,熟悉和掌握大数据相关技能,将会更有力地推动国家数字经济建设。本主题包含大数据思维、数据分析基础、数据处理与数据管理、数据可视化、大数据安全等内容。

**【内容要求】**

① 大数据思维。

概述数据思维、数据分析思维模式和数据分析步骤。

概述大数据的概念、核心特征和应用场景、发展趋势。

概述大数据思维,大数据在获取、存储和管理等方面的技术。

概述数据挖掘和机器学习、数据处理与分析技术、数据安全与隐私保护。

概述大数据系统架构和结构类型。

② 数据分析基础。

概述大数据分析算法模式,初步建立数据分析概念。

掌握利用 Excel 实现单变量和双变量的模拟运算和单变量求解运算方法。

完成利用 Excel 方案管理器在给出的多种解决方案中得出最佳解决方案。

完成利用 Excel 实现规划求解方面的问题。

③ 数据处理与数据管理。

概述数据处理的基本概念、目的、方法和步骤。

了解数据挖掘算法,概述从数据预处理到数据挖掘的整体应用流程。

概述数据管理的基本概念、目的、基本方法和数据库管理技术。

④ 数据可视化。

理解数据可视化概念及主要类型。

了解数据可视化的过程和大数据可视化的主要工具。

掌握一种数据可视化工具的基本使用方法。

熟练运用一种数据可视化工具的基本方法和技巧实现完整的数据可视化过程。

⑤ 大数据安全。

了解大数据应用中面临的常见安全问题和风险。

掌握大数据安全技术的分类和安全防护的基本方法。

熟悉大数据时代应自觉遵守和维护的相关法律法规。

**【教学提示】**

关于大数据思维,可采用知识讲解、小组讨论等形式,配合图片、视频等教学资源,通过实际应用的案例,展示大数据应用场景,使学生对大数据、大数据思维和大数据技术有直观的认识。

关于数据分析基础,可采用知识讲解等形式,配合图片、视频等教学资源,根据实际的应用场景和真实的数据构建学习项目,并配以操作演示与上机实践等教学方法,使学生能利用 Excel 进行数据分析,利用方案管理器获取解决方案,并从中选择最佳的解决方案。使学生理解数据分析是以商业目标为导向,通过分析手段、方法和技巧对准备好的数据进行探索、分析,从中发现因果关系、内部联系和业务规律,为商业决策提供参考。

关于数据处理与数据管理,可采用知识讲解、任务教学、小组讨论等形式,介绍数据处理和数据管理在大数据应用中的重要性,重点介绍常用的数据挖掘算法和机器学习概念。使学生理解数据处理和数据管理的基本目的是从大量的、杂乱无章的、难以理解的数据中通过对数据的分类、组织、编码、存储、查询和维护等活动,抽取出相对有价值、有意义的数据,从而充分发挥数据的作用。

关于数据库应用可采用开源系统框架,介绍各组件在大数据系统架构方面的应用,使学生了解大数据系统架构与传统数据库之间的差异。介绍分布式文件系统的设计理念,使学生理解分布式文件系统在容量和存储数据格式方面的拓展性。

关于数据可视化,可采用知识讲解、任务教学、项目实践等形式,引导学生运用一种数据可视化工具的基本方法和技巧实现完整的数据可视化过程。

关于大数据安全,可采用知识讲解、任务教学、配合图片、视频等教学资源,讲解大数据时代的安全问题,帮助学生了解大数据安全的重要性,掌握相应必要的安全防范措施,通过对相关法律法规的了解,全面重视大数据的安全。

(4) 物联网技术及应用

物联网是指通过信息传感设备,按约定的协议,将物体与网络相连接,物体通过信息传播媒介进行信息交换和通信,实现智能化识别、定位、跟踪、监管等功能的技术。物联网是继计算机、互联网和移动通信之后的新一轮信息技术革命,正成为推动信息技术在各行各业更深入应用的新一轮信息化浪潮。本主题包含物联网的概念、物联网体的主要技术、典型物联网应用系统的安装与配置等内容。

**【内容要求】**

① 物联网的概念。

概述物联网的概念、应用领域和发展趋势。

说出物联网的三个主要特征。

列举物联网和其他技术的融合案例。

② 物联网的主要技术。

概述物联网的主要技术,熟悉物联网的三层体系结构。

概述物联网感知层关键技术(传感器、自动识别、智能设备等)。

概述物联网网络层关键技术(无线和卫星通信网、互联网等)。

概述物联网应用层关键技术(云计算、中间件、应用系统等)。

③ 典型物联网应用系统的安装与配置。

概述物联网应用系统的组成和搭建要点。

列举智能家居系统中物联网各层技术的综合应用案例。

**【教学提示】**

关于物联网基础知识,可采用知识讲解、小组讨论等形式,配合图片、视频等教学资源,介绍物联网的概念、应用领域和发展趋势,物联网和其他技术的融合,使学生对物联网技术有直观的认识,并了解未来物联网将会给人们日常生活、学习和工作带来哪些改变。

关于物联网体系结构和关键技术,可结合学生所学专业,引入相关领域的物联网应用项目案例,采用知识讲解、任务教学等形式,使学生对物联网感知层、网络层和应用层的关键技术有全面的认知。

关于物联网系统应用,可引入一个简单物联网应用系统(如智能家居)搭建项目,采用小组讨论、项目实践等形式,要求学生安装、配置一个完整的物联网应用系统,使学生掌握物联网各层技术综合应用的技能。

(5) 区块链技术及应用

区块链是分布式数据存储、点对点传输、共识机制、加密算法等计算机技术的新型应用模式。本质上说,区块链是一个分布式的共享账本和数据库,具有去中心化、不可篡改、全程留痕、可以追溯、集体维护、公开透明等特点,已被逐步应用于金融、供应链、公共服务、数字版权等领域。区块链是理念和模式的创新,是多种技术的综合运用,能在互联网环境下建立人与人之间的信任关系。本主题包含区块链的概念、区块链的关键技术、区块链的应用场景等内容。

**【内容要求】**

① 区块链的概念。

概述区块链的概念、发展历史、技术基础等。

说出区块链的五大特性。

说出区块链的分类,包括公有链、联盟链、私有链。

② 区块链的关键技术。

概述区块链核心技术的概念、分类等。

列举区块链技术在金融、公共服务、数字版权等领域的应用。

概述区块链技术的价值和未来发展趋势。

③ 区块链的应用场景。

概述比特币、以太坊、超级账本等区块链项目的机制和特点。

概述分布式账本、非对称加密、智能合约、共识机制的技术原理。

列举智能制造、物联网、供应链、政府管理和民生公益方面的应用。

**【教学提示】**

关于区块链基础知识,可采用知识讲解、任务教学、小组讨论等形式,配合图片、视频等教学资源,介绍区块链的概念、发展历史、技术基础、特性、分类等,使学生认识到区块链的重要性,并对公有链、联盟链、私有链有初步的了解。

关于区块链应用领域,可采用知识讲解、任务教学、项目实践等形式,在学生对区块链技术有初步了解的情况下,介绍比特币、以太坊、超级账本等区块链项目,引入区块链实际应用,使学生能将区块链技术与现实生活关联起来,体会区块链技术的价值。

关于区块链核心技术,可以引入前面提到的具体项目案例,采用任务教学、知识讲解等形式,具体介绍分布式账本、非对称加密算法、智能合约、共识机制等,让学生对相关核心技术的原理有初步的了解。

(6) 云计算

云计算是一种利用互联网实现随时随地、按需、便捷地使用和共享计算设施、存储设备、应用程序等资源的计算模式。云计算把大量计算机资源通过互联网协调在一起,使用户可以不受时间和空间限制获得网络资源。熟悉和掌握云计算技术及关键应用,是助力新基建、推动产业数字化升级、构建现代数字社会、实现数字强国的关键技能之一。本主题包含云计算基础知识和模式、云计算的关键技术、云计算的主流产品和应用等内容。

**【内容要求】**

① 云计算基础知识和模式。

概述云计算,列举云计算的主要应用行业和典型场景。

概述云计算的服务模式,包括基础设施即服务(IaaS)、平台即服务(PaaS)和软件即服务(SaaS)等。

概述云计算的部署模式,包括公有云、私有云、混合云等。

② 云计算的关键技术。

概述分布式计算的原理。

概述云计算的技术架构。

列举云计算包括网络技术、数据中心技术、虚拟化技术、分布式存储技术、Web 技术、安全技术等关键技术。

③ 云计算的主流产品及应用。

概述主流云服务商的业务情况。

概述主流云产品及解决方案,包括云主机、云网络、云存储、云数据库、云安全、小程序云开发等。

列举合理选择典型的云服务,包括配置、操作和运维。

**【教学提示】**

关于云计算基础知识和模式,可采用知识讲解、小组讨论等形式,配合图片、视频等教学资源,结合云计算的发展历程介绍云计算的基本概念、主要应用行业和典型场景,帮助学生建立对云计算的整体认知,并作为重点让学生熟悉云计算的服务交付模式和部署模式。

关于技术原理与架构,可采用知识讲解等形式,配合图片、视频等教学资源,结合典型技术应用案例分析,帮助学生梳理云计算技术脉络和核心要点,使学生理解云计算的核心技术与思想。

关于主流产品及应用,可采用知识讲解、任务教学、项目实践等形式,通过部署应用程序上云,使学生掌握上云操作中涉及的云主机、云网络、云存储、云数据库、云安全、小程序云开发等知识和技能。

(7) 虚拟现实

虚拟现实是一种可以创建和体验虚拟世界的计算机仿真系统,其利用高性能计算机生成一种模拟环境,是一种多源信息融合的、交互式的三维动态视景和实体行为的系统仿真。虚拟现实具有浸沉感、交互性和构想性三大特点,已广泛应用于娱乐、教育、设计、医学、军事等多个领域,将人们带入一个身临其境的虚拟世界。本主题包含虚拟现实基础、虚拟现实技术、虚拟现实应用程序的开发与应用等内容。

【内容要求】

① 虚拟现实基础。

概述虚拟现实和虚拟现实技术的概念、特点与重要意义。

概述虚拟现实技术的发展历程、应用场景和未来趋势。

概述虚拟现实系统的组成。

② 虚拟现实技术。

说出虚拟现实技术的分类(桌面级、投入、增强现实、分布式等)。

③ 虚拟现实应用程序的开发与应用。

概述虚拟现实应用开发的流程和相关工具。

说出不同虚拟现实引擎开发工具的特点和差异。

完成一种主流虚拟现实引擎开发工具的简单使用操作。

能使用虚拟现实引擎开发工具完成简单虚拟现实应用程序的开发。

【教学提示】

关于虚拟现实技术基础知识,可采用知识讲解、小组讨论、任务教学等形式,配合图片、视频等教学资源,介绍虚拟现实基本概念、发展历程、应用场景、未来趋势等,并可以通过使用虚拟现实设备体验虚拟现实应用,加深学生对虚拟现实技术的直观认识,了解虚拟现实的应用场景和价值。

关于虚拟现实应用开发流程和工具,采用知识讲解、小组讨论等形式,配合图片、视频等教学资源,使学生了解虚拟现实应用开发的整个流程,包括策划设计、美术素材设计与制作、交互功能开发、应用程序发布等,并了解各阶段常使用的工具。

关于简单虚拟现实应用程序开发,可采用任务教学、小组讨论、项目实践等形式,采用一种主流虚拟现实引擎开发工具并辅以详细的项目辅助资料,要求学生完成一个简单虚拟现实应用程序的开发,通过实际项目开发使学生进一步熟悉虚拟现实应用开发的整个流程并掌握虚拟现实引擎开发工具的使用。

(8) 机器人流程自动化

机器人流程自动化是以软件机器人和人工智能为基础,通过模仿用户手动操作的过程,让软件机器人自动执行大量重复的、基于规则的任务,实现手动操作自动化的技术。如在企业的业务流程中,纸质文件录入、证件票据验证、从电子邮件和文档中提取数据、跨系统数据迁移、企业 IT 应用自动操作等工作,可以通过机器人流程自动化技术准确、快速地完成,减少人工错误、提高效率、大幅降低运营成本。本主题包含机器人流程自动化基础、机器人流程自动化的构成、机器人流程自动化的应用等内容。

**【内容要求】**

① 机器人流程自动化基础。

概述机器人流程自动化(RPA)的基本概念。

概述机器人流程自动化的优势和劣势。

概述机器人流程自动化的发展历程和主流工具。

② 机器人流程自动化的构成。

概述机器人流程自动化的技术框架、功能及部署模式。

说出机器人流程自动化平台和工具的使用过程。

③ 机器人流程自动化工具的应用。

掌握利用机器人流程自动化工具进行录制和播放、流程控制、数据操作、操控控件、部署和维护方法。

完成简单的软件机器人的创建和自动化任务的实施操作。

【教学提示】

建议教学将知识讲解、小组讨论、任务教学、项目实践相结合,同时借助图片、视频等教学资源丰富教学内容。

关于机器人流程自动化基础知识,可以通过日常生活、学习和工作中的案例进行引入,采用讲解等形式,配合图片、视频等教学资源,使学生对信息化时代互联网、大数据、人工智能等技术对工作带来的变革有直观认识,加深对机器人流程自动化基本概念、发展历程的理解和对主流工具的认知。

关于机器人流程自动化技术框架和功能,可以通过知识讲解等形式,配合图片、视频等教学资源,让学生对机器人流程自动化整体框架有初步的认知。

关于机器人流程自动化工具应用,可以通过综合项目案例,分析、演示并使学生动手实践录制和播放、流程控制、数据操作、操控控件、部署和维护等内容,使学生掌握一款主流机器人流程自动化工具的简单应用。

关于软件机器人的创建和实施,可以通过日常生活、学习和工作中要解决的实际问题作为任务引入,引导学生动手实践,使学生能使用相关工具创建所要的软件机器人并实施自动化任务。

(9) 项目管理

项目管理是指项目管理者在有限的资源约束下,运用系统理论、观点和方法,对项目涉及的全部工作进行有效地管理,即从项目的投资决策开始到项目结束的全过程进行计划、组织、指挥、协调、控制和评价,以实现项目的目标。项目管理作为一种工具已应用于各行各业,获得了广泛的认可。本主题包含项目管理的基本概念、项目管理中的信息技术、项目工作分解结构、项目资源管理、项目质量监控、项目风险管理与控制等内容。

**【内容要求】**

① 项目管理的基本概念。

概述项目管理的发展历史。

说出项目管理所涉及的九个方面内容。

说出项目管理的三要素、四阶段和五过程。

② 项目管理中的信息技术。

说出信息技术及项目管理工具在现代项目管理中的重要作用。

概述 ERP 项目整体管理的含义和过程。

完成项目管理相关工具的功能、操作界面及使用操作。

掌握通过项目管理工具创建和管理项目及任务的方法。

③ 项目工作分解结构（WBS）。

概述工作分解结构的含义和基本分解方法。

概述项目工作分解结构的编制。

完成项目管理工具对项目进行工作分解和进度计划编制。

④ 项目资源管理。

概述项目资源管理的含义和各项资源约束条件。

概述项目资源的识别、分类、汇总、需求、作用和价值。

完成项目管理工具进行资源平衡，优化进度计划操作。

⑤ 项目质量监控。

概述项目质量监控及其所包含的内容和主要依据。

掌握项目质量监控中所运用的方法。

能在项目质量监控中应用项目管理的工具。

⑥ 项目风险管理与控制。

概述项目风险管理和风险识别的含义。

会制定有效的项目风险管理方案。

掌握项目管理工具在项目风险控制中的应用。

**【教学提示】**

建议教学从企业软件工程项目管理案例出发,将知识讲解、小组讨论、任务教学、项目实践相结合,同时借助图片、视频等教学资源丰富教学内容。

关于项目管理基础知识,可以通过引入日常生活、学习和工作中的案例,采用知识讲解等形式,配合图片、视频等教学资源,加深学生对项目管理的认识,理解项目管理工具在现代管理中的作用。

关于项目管理工具应用,可以通过任务教学、多元互动方式进行,紧密结合项目管理工具,配合图片、视频等教学资源,完成应用项目管理工具基本功能,进行进度计划、跟踪控制等的教学,使学生利用项目管理工具完成项目结构分解、项目资源平衡、成本管理、进度优化、质量监控等操作。

# 五、学业质量

## （一）学业质量内涵

学业质量是学生在完成本课程学习后的学业成就表现。中高职贯通教育学生学业质量标准是以本课程学科核心素养内涵及具体表现为主要维度（见表 5-1），结合课程内容，对学生学业成就表现的总体刻画。

表 5-1　信息技术学科核心素养及表现

| 核心素养 | 内　　涵 | 具　体　表　现 |
|---|---|---|
| 信息意识 | 　　了解信息及信息素养在现代社会中的作用与价值，对信息有甄别意识，能主动地寻求恰当的方式捕获、提取和分析信息，以有效的方法和手段判断信息的可靠性、真实性、准确性和目的性，对信息可能产生的影响进行预期分析，自觉地充分利用信息解决生活、学习和工作中的实际问题，具有团队协作精神，善于与他人合作、共享信息，实现信息的更大价值。 | ● 理解信息的概念和意义，会对信息甄别，对信息有一定的敏感度；<br>● 能定义和描述信息要求；<br>● 能描述信息意识，并列举不同应用场景中需要具备的信息意识要点；<br>● 掌握信息的常用表达方式和处理方法，并将其与具体问题相联系；<br>● 能对信息的价值及其可能的影响进行判断。 |
| 计算思维 | 　　能采用计算机可以处理的方式界定问题、抽象特征、建立模型、组织数据，能综合利用各种信息资源、科学方法和信息技术工具解决问题，将这种解决问题的思维方式，迁移运用到职业岗位与生活情境的相关问题解决过程中。 | ● 概述计算思维的内涵；<br>● 能使用信息技术工具，在解决问题的过程中，侧重界定问题、抽象特征、建立模型、组织数据、解决问题、迁移运用；<br>● 具备解决问题过程中的形式化、模型化、自动化、系统化抽象能力；<br>● 结合所学专业知识，运用计算思维形成生产、生活情境中的融合应用解决方案。 |

续　表

| 核心素养 | 内　　涵 | 具 体 表 现 |
|---|---|---|
| 数字化创新与发展 | 能理解数字化学习环境的优势和局限,能从信息化角度分析问题的解决路径,并将信息技术与所学专业技术相融合,通过创新思维、具体实践使问题得以解决;能运用数字化资源与工具,养成数字化学习与实践创新的习惯,开展自主学习、协同工作、知识分享与创新创业实践,形成可持续发展能力。 | ● 能进行数字化信息获取(学习)环境的创设;<br>● 能进行数字化信息资源的获取、加工和处理;<br>● 能以多种方式对数字化信息、知识进行展示交流;<br>● 能创造性地运用数字化资源和工具解决实际问题;<br>● 能清晰描述信息技术在本专业领域的典型应用案例。 |
| 信息社会责任 | 在现实世界和虚拟空间中都能遵守相关法律法规,信守信息社会的道德与伦理准则;具备较高的信息安全意识与防护能力,能有效维护信息活动中个人、他人的合法权益和公共信息安全;关注信息技术创新所带来的社会问题,对信息技术创新所产生的新观念和新事物,能从社会发展、职业发展的视角进行理性的判断和负责的行动。 | ● 了解相关法律法规并自觉遵守;<br>● 了解伦理道德准则,规范日常信息行为;<br>● 能描述信息安全,会在不同应用场景中进行信息安全操作,具备信息安全防护能力。 |
| 工匠精神 | 无论是对待学习还是对待职业技能,都要有正确的劳动观念和学习态度,能将不懂的内容先学懂再学精,并勇于攻坚克难;在学习和生活中注重方法,做到专注、坚持和勤奋,勤于学习本专业的知识和其他方面的知识,勤于重复、勤于洞察和发现;具备创新意识,在学习和生活中不断提升创新能力,并学以致用,将学习和生活所得用作创新的资源,在创新实践中收获成就感。 | ● 解释工匠精神;<br>● 能在学习和生活中注重方法,做到专注、坚持和勤奋;<br>● 能在学习和生活中勤于重复、勤于洞察和发现,学会创新;<br>● 结合本专业领域,列举典型工匠案例。 |

## （二）学业质量水平

中高职贯通教育信息技术课程学业质量水平分为两级,每级水平主要表现为学生整合信息技术学科核心素养,在不同复杂程度的情境中运用各种重要概念、思维、方法和技能解决问题的关键特征。具体表述见表 5-2。

水平一：掌握公共模块的信息技术基本知识和基本技能，对新一代信息技术发展与应用有一定的了解，能使用相关工具软件完成简单的办公任务。

水平二：在水平一的基础上，进一步掌握拓展模块的知识技能，能用信息技术较好地支持专业学习，对于信息技术在本专业领域的应用有比较深入的理解和熟练的操作。

表 5-2　学业质量标准

| 水 平 一 | 水 平 二 |
|---|---|
| 1-1 ［信息意识］<br>● 了解信息、信息社会的基本概念，数据与信息的关系；<br>● 有知识产权和信息甄别意识；<br>● 对简单任务要求，能确定所要信息的形式和内容，知道信息获取渠道；<br>● 能初步掌握信息的常用表达方式和处理方法，并能对具体问题选择恰当的信息表达方式和处理方法；<br>● 对信息系统在人们生活、学习和工作中的重要作用、优势及局限性有一定认识；<br>● 了解新一代信息技术，对信息技术促进经济社会现代化发展有一定认识。 | 2-1 ［信息意识］<br>● 能概述知识管理体系，对信息具有较强的敏感度；<br>● 能甄别信息，具有信息安全意识；<br>● 对具体任务要求，能准确定义所要信息，并能描述信息要求；<br>● 能依据不同的任务要求，主动地比较不同的信息源，确定合适的信息获取渠道；<br>● 能自觉地对所获信息的真伪和价值进行判断，对信息进行处理；<br>● 能对具体问题，确定恰当的信息表达方式和处理方法，选择合适的工具辅助解决问题；<br>● 充分认识信息系统在人们生活、学习和工作中的重要性，在信息系统构建与应用过程中，能利用已有经验判断系统可能存在的风险并进行主动规避；<br>● 在了解新一代信息技术的基础上，对新一代信息技术在所从事专业领域的应用有一定认识。 |
| 1-2 ［计算思维］<br>● 了解计算机基础知识、计算机进行信息处理的基本过程，理解程序和算法的基本概念；<br>● 知道计算思维的基本概念，初步掌握用计算思维的基本思想去求解问题；<br>● 初步了解解决问题过程中的形式化、模型化、自动化、系统化概念和方法；<br>● 理解简单任务要求，初步掌握运用计算思维方式解决问题的能力，并能运用流程图的方式进行描述。 | 2-2 ［计算思维］<br>● 能说明信息系统的组成与功能，能清晰描述计算机系统工作原理，了解计算机系统软件和应用软件的运行过程；<br>● 能概述计算思维内涵，能清晰地解释求解问题的基本思路和必要条件，并能迁移运用到具体问题解决过程中；<br>● 具备结合生活情境、本专业领域实际问题，运用计算思维设计信息化解决方案的能力；<br>● 能对具体任务要求，选择合适的算法，并运用一种程序设计语言（或流程图）加以实现，最终解决实际问题。 |

续　表

| 水 平 一 | 水 平 二 |
|---|---|
| **1-3 ［数字化创新与发展］**<br>● 对信息系统在完成学习任务中的作用有一定认识,能利用信息系统在数字化学习环境下进行自主学习、协作学习;<br>● 知道信息化办公系统的组成和功能、软硬件安装和配置,掌握相关使用操作方法与技能;<br>● 能根据信息获取需要进行数字化信息获取环境的创设,有信息获取的相关技能;<br>● 能使用文档处理、电子表格处理、演示文稿制作等软件工具对信息进行加工、处理;<br>● 能以多种方式对数字信息、知识进行简单的展示交流;<br>● 对具体任务要求,初步具备创新意识,能运用数字化资源和工具,设计工作流程,支持任务的完成;<br>● 能清晰描述通过信息技术解决实际问题的典型案例,以及解决问题的具体过程。 | **2-3 ［数字化创新与发展］**<br>● 能利用信息系统进行数字化学习环境创设,开展自主学习、协作学习、探究学习,并进行分享与合作;<br>● 能主动了解和学习不同的信息系统,通过具体实践解决问题;<br>● 能比较不同信息获取方法的优势及局限性,熟练掌握信息获取的基本技能;<br>● 能对具体任务要求,综合运用各种软件工具,对信息进行加工、处理和展示交流,并根据需要通过技术方法对数据进行保护;<br>● 在数据分析的基础上,能利用合适的统计图表呈现数据分析结果;<br>● 能对本专业领域的具体任务实施,创造性地运用数字化资源和工具构建信息系统,支持任务的完成;<br>● 具备创新意识和实践能力,在学习和生活中有数字化创新意识和行动。 |
| **1-4 ［信息社会责任］**<br>● 了解信息活动相关的法律法规、伦理道德准则,尊重知识产权,能遵纪守法、自我约束,识别和抵制不良行为;<br>● 具备信息安全意识,在信息系统应用过程中,能遵守保密要求,注意信息安全保护,不侵犯他人隐私;<br>● 知晓人们日常生活、学习和工作中常见的信息安全问题,并具备一定的防护能力。 | **2-4 ［信息社会责任］**<br>● 理解人类信息活动需要法律法规、伦理道德进行管理与调节,在现实世界和虚拟空间中都能遵纪守法,承担信息社会责任;<br>● 具备较强的信息安全意识、能利用常用的信息安全防御技术维护信息系统安全,能对信息实施有效保护;<br>● 能运用加密技术对重要信息进行保密处理,有效维护信息活动中个人、他人的合法权益和公共信息安全;<br>● 了解信息安全面临的常见威胁和常用的安全防护技术,能采取有效的信息防护措施。 |
| **1-5 ［工匠精神］**<br>● 概述工匠精神;<br>● 能在学习和生活中做到坚持和勤奋;<br>● 能在学习和生活中勤于重复、勤于洞察和发现;<br>● 能以工匠为榜样,专注职业技能的学习。 | **2-5 ［工匠精神］**<br>● 对待学习还是对待职业技能都有正确的劳动观念和学习态度;<br>● 能在学习和生活中注重方法;<br>● 能清晰描述运用新一代信息技术解决本专业领域问题的典型应用案例,并能正确分析应用价值;<br>● 能在信息技术应用中养成良好的职业习惯。 |

# 六、实施建议

## （一）教材编写

中高职贯通教育信息技术课程教学内容由公共模块和拓展模块两部分构成,其中公共模块是必修内容,是中高职贯通教育学生提升信息素养的基础;拓展模块是选修内容,是中高职贯通教育学生深化对信息技术的理解、拓展职业能力的基础,各学校、各专业可根据相关情况自主确定拓展模块教学内容。公共模块的教学内容是国家信息化发展战略对人才培养的基本要求,是中高职贯通教育人才培养目标在信息技术领域的反映,公共模块的教材编写应严格遵从课程标准要求。

教材编写要突出职业教育特点,教材内容要优先选择适应我国经济发展需要、技术先进、应用广泛的软硬件平台、工具和项目案例。教材组织要与中高职贯通教育的教学组织形式及教学方法相适应,突出做学一体、项目导向、任务驱动等有利于学生综合能力培养的教学模式。教材形式要落实职业教育"三教"改革要求,倡导开发新型活页式、工作手册式教材,积极构建具有丰富多媒体信息的新形态立体化教材。信息技术课程教材选用要符合《职业院校教材管理办法》及国家相关教材管理政策等。

## （二）教学实施

中高职贯通教育信息技术课程教学是提升学生信息素养、培养学生技术应用能力的重要途径。本课程教学要紧扣学科核心素养和课程目标,在全面贯彻党的教育方针,落实立德树人根本任务的基础上,突出职业教育特色,提升学生的信息素养和信息技术技能,培养学生数字化学习能力和利用信息技术解决实际问题能力。

### 1. 立德树人,加强对学生的情感态度和社会责任教育

信息技术课程教学要高度重视立德树人的课程任务,切实落实课程思政的教学要求,使学生在纷繁复杂的信息社会环境中能站稳立场、明辨是非、行为自律、知晓责任。

在课程中,各主题的教学要有意识地引导学生关注信息、发现信息的价值,提高对信息的敏感度,培养学生的信息意识,形成健康的信息情趣,使其成为学生素质的一部分。教师教学过程中要通过实际事例、教学案例培养,锻炼学生的信息敏感度和对信息价值的判断力,通过具体教学任务使学生学会定义和描述信息要求,并能规划解决问题的信息处理过程。本课程还要使学生对信息系统的组成及其在生活、学习和工作中发挥的作用具有清晰的认识,对新一代信息技术促进经济社会现代化发展有所了解。

信息社会责任意识的形成需要学生直面问题,在思考、辨析、解决问题的过程中逐渐形成正向、理性的信息社会责任。教师可在教学过程中通过引导学生观察典型信息事件,认识相关法律法规的重要性和必要性,鼓励学生在面对信息困境时,能基于相关法律法规、伦理道德准则,通过讨论交流提高认识,做出理性的判断和负责的行动。

### 2. 突出技能,提升学生信息技术技能和综合应用能力

信息技术课程要重点突出学生信息技术实际操作能力的培养,通过课程学习使学生理解数字化学习环境、数字化资源和工具、信息系统的特点,能熟练使用各种软件工具、信息系统对信息进行加工、处理和展示交流,为学生将信息技术与专业能力融合发展奠定基础。通过本课程学习,学生应具备在数字化环境下解决生活、学习和工作中实际问题的能力。在课堂教学中,要采用理论与实践相结合的教学方式,让学生在做中学、学中做,通过完成具体的任务使学生熟练掌握信息技术实际操作技能,并通过操作练习环节不断提高效率。

计算思维是运用信息技术解决实际问题的综合能力的基础。作为一种思维方式,需要在解决问题的过程中不断经历分析思考、实践求证、反馈调试而逐步完善。教师在教学设计时,可根据教学内容提炼计算思维的具体过程与表现,将其作为学生项目实践的内在线索,引导学生在完成不同项目的情境中,反复亲历计算思维的全过程,从

而提升学生在解决复杂问题时运用计算思维的能力和习惯。

信息技术课程教学要关注学生综合应用能力培养,在各主题教学中教师要通过综合教学案例和项目实践,将知识、技能、意识、经验等融会贯通,让学生体会从信息化角度分析问题的方法和解决问题的具体路径,逐渐形成运用信息技术解决问题的综合能力。

### 3. 创新发展,培养学生的数字化学习能力和创新意识

提升数字化环境下的学习能力是本课程教学目标之一。在教学过程中,教师要根据学生的学习基础,创设适合学生的数字化环境与活动,引导学生开展自主学习、协作学习、探究学习,并进行分享和合作;利用数字化资源与工具,完成学习任务和支持任务要求得到解决。要求学生根据自己的需要,自主选择学习平台,创设学习环境,形成自主开展数字化学习的能力和习惯。

面对信息化社会和数字经济时代,创新意识和职业发展能力是培养高素质技术技能人才的关键内容。教师要把握学科核心素养要求,培养学生创新意识和数字化创新与发展能力,能将信息技术创新应用于人们的生活、学习和工作中,培养学生终身学习能力。

## （三）学习评价

中高职贯通教育信息技术课程对学生的学业水平评价,应从情感态度与社会责任、数字化学习、创新与发展能力、解决问题能力等方面考查学生的信息素养水平。通过评价激发学生学习兴趣,促进学生信息素养的提升。

情感态度与社会责任方面的评价应包括对学生在信息技术领域的思想认识和行为表现,对信息活动相关法律法规和伦理道德准则的了解,对信息甄别、信息安全意识和防范水平,对信息社会责任的认知等方面进行评价。数字化学习、创新与发展能力方面的评价应包括对学生运用数字化资源和工具进行自主学习、协作学习、探究学习的能力,根据需要自主选择学习平台并创设数字化学习环境的能力,掌握常用信息检索工具和方法开展学习的能力等方面进行评价。解决问题能力方面的评价应包括对

学生使用各种软件工具、信息系统对信息进行加工、处理和展示交流的实际操作能力和熟练程度,在数字化环境下解决生活、学习和工作中实际问题的能力,解决复杂问题时运用计算思维的能力,在本专业领域创造性地运用数字化资源和工具解决问题能力等方面进行评价。

学业水平评价应采用过程性评价与总结性评价相结合的方式。过程性评价应基于学科核心素养,在考查学生相关知识与技能掌握程度和应用能力的基础上,关注信息意识、计算思维、数字化创新与发展、信息社会责任、工匠精神等核心素养的发展,评价要体现出学生在学习过程中各方面能力的提升情况。总结性评价应基于学生适应职业发展需要的信息能力和学习迁移能力培养要求,创设基于应用情境的项目案例,考查学生信息技术的综合运用能力、学科核心素养发展水平,以及自我创新和团队协作等方面的表现,全面、客观地评价学生的学业状况。

贯通学生依据1+X的学习计划,课程学习结束后,参加上海市高等学校信息技术水平考试(一级)。

## (四) 课程资源开发与利用

课程资源和学习环境是实现信息技术课程目标、提升学生信息素养的重要支撑条件。课程资源主要是指支持课程教学的教材以外的数字化教学资源,学习环境主要是指教学设备设施,以及支持学生开展数字化学习的条件。

数字化课程资源可以提高教学内容呈现质量,激发学生学习兴趣,从而提升教学质量。有条件的学校可依据课程标准开发信息技术课程数字化教学资源库,利用成熟的互联网信息技术手段,将优质的数字化课程资源让更多的师生分享、受益,提升学生信息技术课程学习效果。教师应通过互联网等途径广泛搜集与信息技术课程相关的数字化教学资源,积极参与和课程教学相关的资源制作。

数字化学习环境是保障信息技术课程实施的基础条件。学校要根据学生人数和教学安排建设满足教学需要的信息技术教学机房和综合实训室等设施,配备数量合理、配置适当的信息技术设备,提供相应的软件和互联网访问带宽。有条件的地区及学校应选配信息技术综合实训设备,为拓展模块的教学创造条件。学校要建设并有效利用网络学习空间,引入数字化资源和工具,支持传统教学模式与混合学习、移动学习等信息化教学模式的有机融合,引导学生进行数字化学习环境创设,开展自主学习、协作学习和探究学习。

## (五)保障措施

### 1. 课程教学团队保障

教师在教学过程中发挥着主导作用,教师的技术水平、实践经验和教学能力对课程教学质量有直接的影响。中高职贯通教育信息技术课程任课教师应符合教师专业标准要求,具有丰富的信息技术实践经验和课程教学能力。信息技术课程教师的数量应按照国家有关标准配备。

学校应重视信息技术课程教师队伍建设,优化师资队伍年龄、性别、职称与学历结构,增强信息技术课程教师队伍的整体实力和竞争力。应建立学科带头人制度,组建教师创新团队,积极组织开展各类教研活动,促进青年教师成长。要注重信息技术课程教师的双师素质培养,建立教师定期到企业实践的制度,与时俱进地提升教师的技术水平、实践经验。以专任教师为主,开展校企合作,组建双师结构教学团队。鼓励和支持教师进行信息技术课程教学改革创新,使课程教学更好地适应社会发展的需要。

### 2. 课程校本实施保障

中高职贯通教育要落实《教育信息化 2.0 行动计划》要求,加快实现信息化应用水平和师生信息素养普遍提高的发展目标。学校要高度重视信息技术课程标准的落地实施。建议依据课标、高校水平考核要求、学校条件制定课程实施方案。要关注学生信息素养的发展水平,开展必要的能力水平测试,对课程教学效果开展监测,确保实现人才培养目标。

学校要为开设信息技术课程提供基本教学条件,保证必要的学时安排。应保证信息技术课程公共模块教学的学时,提供教学设备设施及支持学生开展数字化学习的条件,满足课程标准实施要求。学校应结合本地区产业发展特点和学生专业学习的要求,自主确定拓展模块教学内容。应结合专业学习特点,将信息技术通识教育与具体专业教学要求统筹考虑,精选拓展模块内容,打造信息技术精品课程,支持具有本校特色的高素质技术技能人才培养。

### 3. 教学设备设施配备要求

信息技术课程教学离不开信息设备设施的支撑,具体配备要求见附录。

# 附录 教学设备设施配备要求

## （一）信息技术教学机房设备设施配备要求（公共模块教学必配）

| 项　　目 | 技 术 参 数 与 要 求 | 数　　量 |
| --- | --- | --- |
| 学生用计算机 | 计算机配置满足安装主流教学软件要求；<br>支持网络同传和硬盘保护；<br>可选配多媒体教学支持系统。 | 课堂上每学生 1 台（套） |
| 教师用计算机 | 配置≥学生用计算机配置。 | 课堂上≥1 台(套) |
| 教学投影显示设备 | 投影机、电子白板、教学一体机等先进教学设备配备。 | 课堂上≥1 台(套) |
| 软件配置 | 桌面操作系统及相关设备驱动程序、中英文输入法、常用工具软件、常用办公和图文编辑软件、信息安全防护软件、互联网应用软件、线上学习平台、课堂管理软件等。 | 根据教学需要选用 |
| 网络连接 | 网络交换机，网络接入带宽≥100 Mbps。 | |

## （二）信息技术综合实训室设备配备要求（可根据拓展模块教学需要选配）

| 项　　目 | 技 术 参 数 与 要 求 | 数　　量 |
| --- | --- | --- |
| 学生用计算机 | 计算机配置满足安装主流教学软件要求；<br>支持网络同传和硬盘保护；<br>可选配多媒体教学支持系统。 | 保证上课时每工位 1 台(套) |

续　表

| 项　目 | 技 术 参 数 与 要 求 | 数　量 |
|---|---|---|
| 教师用计算机 | 配置≥学生用计算机配置。 | ≥1 台(套) |
| 教学投影显示设备 | 投影机、电子白板、教学一体机等先进教学设备配备。 | ≥1 台(套) |
| 软件配置 | 桌面操作系统及相关设备驱动程序、中英文输入法、常用工具软件、常用办公和图文编辑软件、信息安全防护软件、互联网应用软件、线上学习平台、课堂管理软件等。 | 根据教学需要选用 |
| 网络连接 | 网络交换机,网络接入带宽≥100 Mbps。 | |
| 相关拓展模块技术体验与实训装备 | 实训设备及配件。 | 不少于每 4 工位 1 套 |
| | 相关软件、数据包、演示设施等。 | 满足教学需要 |
| | 实训配套软件。 | 根据教学需要选用 |
| | 示范应用项目展示。 | ≥1 台(套) |
| | 其他安全防护设施。 | 满足相关规范要求 |

# 上海市中高职贯通教育信息技术课程标准开发
## 项目组成员名单

组　长：陈丽娟　上海市教育委员会教学研究室
副组长：贾　璐　上海电子信息职业技术学院
组　员：程　雷　上海工商职业技术学院
　　　　涂蔚萍　上海电子信息职业技术学院
　　　　韩明秋　上海农林职业技术学院
　　　　袁国荣　上海城建职业技术学院
　　　　陈洁滋　上海工艺美术职业学院
　　　　张伟罡　上海市经济管理学校
　　　　葛　睿　上海信息技术学校
　　　　凌洪兴　上海工商信息学校
　　　　詹　宏　上海市现代职业技术学校
　　　　王珺萩　上海信息技术学校
　　　　王玉琪　上海第二工业大学附属浦东振华外经职业技术学校
　　　　刘迎春　上海南湖职业技术学院